BEI GRIN MACHT SICH IHR WISSEN BEZAHLT

- Wir veröffentlichen Ihre Hausarbeit, Bachelor- und Masterarbeit

- Ihr eigenes eBook und Buch - weltweit in allen wichtigen Shops

- Verdienen Sie an jedem Verkauf

Jetzt bei www.GRIN.com hochladen und kostenlos publizieren

Der Bremsvorgang ohne ABS. Modellierung und Simulation mit MATLAB Simulink

Marius Utz

Bibliografische Information der Deutschen Nationalbibliothek:

Die Deutsche Nationalbibliothek verzeichnet diese Publikation in der Deutschen Nationalbibliografie; detaillierte bibliografische Daten sind im Internet über http://dnb.d-nb.de abrufbar.

ISBN: 9783346802835
Dieses Buch ist auch als E-Book erhältlich.

Assignment

Der Bremsvorgang ohne ABS
Modellierung und Simulation mit MATLAB Simulink

vorgelegt von

Marius Utz

Studiengang   Wirtschaftsingenieurwesen - Master of Engineering (M. Eng.)
Abgabe   08. Dezember 2022

Inhaltsverzeichnis

Abbildungsverzeichnis

Tabellenverzeichnis

Abkürzungsverzeichnis

ABS	Antiblockiersystem
BG	Berufsgenossenschaft
BSB	Blockschaltbild
c_1	Koeffizient für die Reibbeiwertberechnung
c_2	Koeffizient für die Reibbeiwertberechnung
c_3	Koeffizient für die Reibbeiwertberechnung
c_ω	Luftwiderstandsbeiwert
DGL	Differentialgleichung
E_{kin}	Kinetische Energie
F_G	Gewichtskraft
F_L	Luftwiderstandskraft
F_N	Normalkraft
F_R	Reibungskraft des Rads / Pkw
$F_{R,H}$	Reibungskraft der Hinterreifen
$F_{R,V}$	Reibungskraft der Vorderreifen
g	Erdbeschleunigung
J_R	Massenträgheitsmoment Reifen
$m \cdot \ddot{x}_F$	D'Alambertsche Trägheitskraft des Pkw
m / s	Meter pro Sekunde
M_B	Bremsmoment
M_R	Drehmoment des Reifens
μ	Reibungskoeffizient des Reifens
P	Luftdichte
φ_R	Drehwinkel des Rads
r_R	Reifenradius
SUV	Sport Utility Vehicle
v_F	Fahrzeuggeschwindigkeit
$v_{F,0}$	Anfangsgeschwindigkeit
v_R	Reifengeschwindigkeit
ω_R	Winkelgeschwindigkeit des Reifens
x_F	Fahrtrichtung des Pkw

Formelverzeichnis

Gender-Hinweis

In der vorliegenden Arbeit wird aus Übersichtlichkeitsründen das generische Maskulinum verwendet. Weibliche und weitere Geschlechteridentitäten werden dabei ausdrücklich mitgemeint.

1   Einleitung

„Ich glaube an das Pferd. Das Automobil ist eine vorübergehende Erscheinung" (Wilhelm II. (1859-1941)). Während der letzte Kaiser des Deutschen Reichs wohl auf das falsche Pferd gesetzt hatte, entwickelte sich das Kraftfahrzeug zum meist genutzten Fortbewegungsmittel. Die Anzahl der Pkw-Neuzulassungen in Deutschland pro Jahr stieg bis vor der Coronakrise auf einen Höchstwert von 3,61 Mio. (vgl. *Statista*, 2022a, S. 75). Die Anzahl zugelassener Pkw erreichte im Jahr 2022 einen Höchststand von 49 Mio. (vgl. *Statista*, 2021, S. 28). Proportional hierzu verhielten sich die Straßenverkehrsunfälle in Deutschland pro Jahr: Sie erreichten im Jahr 2018 einen Höchststand von 2,7 Mio. (vgl. *Statista*, 2022b, S. 4). Paradoxerweise verhielten sich die Zahlen der Unfalltoten antiproportional zu den aufgeführten Entwicklungen. Die 2,4 Tsd. Verstorbenen bei Straßenverkehrsunfällen in Deutschland im Jahr 2021 stellen einen Tiefpunkt dar (vgl. *ebd.*, S. 16). Hieraus lässt sich eine Zunahme der Sicherheit im Straßenverkehr ableiten. Dies hängt zum einen mit technischen Entwicklungen wie dem Antiblockiersystem (ABS) zusammen, als auch mit einer erhöhten Sensibilität im Straßenverkehr auf Seiten der Bevölkerung.

Mit Blick auf das Verkehrsaufkommen in Deutschland tendiert die Gesellschaft zu hochmotorisierten SUV-Modellen. Im Jahr 2021 erreichte die Zahl der Neuzulassungen von Pkw nach Segmenten für SUV in Deutschland einen Höchstwert von 670 Tsd. (s. Abbildung 1) (vgl. *Statista*, 2021, S. 27). Ferner sind sicherheitsrelevante Bauteile sowie leistungsfähigere und größere Motoren die Treiber einer höheren Fahrzeugmasse (vgl. *Anker*, 3.8.2009). Im Fall einer Vollbremsung muss die kinetische Energie des Pkw als Produkt aus Masse und Geschwindigkeit, definiert durch

$$E_{kin} = \frac{1}{2} m \cdot v^2 \qquad\qquad \textit{Kinetische Energie (1)}$$

in kürzester Zeit auf null Joule reduziert werden. Die korrelierende Größe einer Vollbremsung ist der Schlupf der Reifen auf der Fahrbahn, welcher für eine vollständige Kontrolle des Pkw ausschlaggebend ist. Die Blockade des Rads ist zu vermeiden.

Das Ziel dieser Arbeit ist die Identifikation des Konzepts „sicheres Fahren" für das System „dynamischer Bremsvorgang eines Pkw ohne ABS" unter besonderer Berücksichtigung variabler Fahrzeuggeschwindigkeiten und Fahrzeugmassen. Ein besonderes Augenmerk liegt auf den unterschiedlichen Radgeschwindigkeiten und blockierenden Rädern im Zeitverlauf, aus welchen Schlussfolgerungen für „sicheres Fahren" abgeleitet werden. Als Modalziel ist die korrekte mathematische Identifikation des Systems sowie die Veranschaulichung des Modells in MATLAB-Simulink aufzuführen. Ferner sollen in einem weiteren Modalziel die Anfangsgeschwindigkeit und Fahrzeugmasse als

Treiber der Radgeschwindigkeit und des Bremsvorgangs im zeitlichen Verlauf identifiziert werden. Im letzten Modalziel soll der Schlupf als Kerngröße effizienter Bremssysteme herausgestellt werden. In der vorliegenden Arbeit wird führend auf die Erläuterungen von Helmut Scherf (2010, S. 24–29) zurückgegriffen. Zunächst werden relevante Grundlagen für das System „dynamischer Bremsvorgang eines Pkw ohne ABS" definiert. Es folgt die Systemidentifikation durch Aufstellen der Differentialgleichungen (DGL) und Überführen in das Blockschaltbild (BSB) in MATLAB-Simulink. Zuletzt wird der Bremsvorgang ohne ABS mit verschiedenen Wertekombinationen aus Anfangsgeschwindigkeit und Fahrzeugmasse simuliert und graphisch veranschaulicht. Die Ergebnisanalyse umfasst eine explizite Darstellung und Auswertung aller relevanten Systemparameter. Abschließend werden die Ergebnisse im Kontext des sicheren Fahrens diskutiert.

2 Definition und Grundlagen

2.1 Systemmodellierung und Simulation

In der vorliegenden Arbeit wird das mechanische System „dynamischer Bremsvorgang eines Pkw ohne ABS" in MATLAB-Simulink modelliert und anschließend mittels Simulation untersucht. Grundsätzlich ist ein System „eine Menge von Elementen (Teile, Komponenten), die sich gegenseitig durch interne Funktionszusammenhänge und physikalische Gesetze beeinflussen […], auf die Einflüsse von außen einwirken […] und die Wirkungen nach außen abgeben" ((*Hiller*, 1983) nach (*Schramm et al.*, 2018, S. 5)). Das reale System wird abstrahiert und in ein technisches Modell überführt, welches die Realität und Zusammenhänge des Systems vereinfacht und in einem beschränktem Rahmen wiedergibt (vgl. *Schramm et al.*, 2018, S. 5 f.). Das Modell stellt die Basis der Simulation dar. Die „Simulation ist das Nachbilden eines Systems […] in einem Modell, um zu Erkenntnissen zu gelangen, die auf die Wirklichkeit übertragbar sind" (VDI 3633, 2019). Durch die Simulation ist die schnelle Verifizierung von Thesen möglich. Sie ist für den Anwender ungefährlich und bietet eine hohe Anschaulichkeit (vgl. *Scherf*, 2010, S. 13). Im Folgenden wird auf wichtige Grundlagen des betrachteten Systems „dynamischer Bremsvorgang eines Pkw ohne ABS" eingegangen.

2.2 Latsch und Schlupf

Der *Latsch* ist die Reifenaufstandsfläche im betrachteten System des bremsenden Pkw. Er ist der Teil des Reifens, welcher in direktem Kontakt mit der Straße steht. Folglich wirken im Latsch verschiedene Kräfte wie die Reibungskraft F_R, die Normalkraft F_N und die Gewichtskraft F_G des Fahrzeugs. (vgl. *Eichhorn et al.*, 2017, S. 31) Diese Kräfte sind essenziell für den Grip beim Fahren, welcher durch den *Schlupf* definiert wird.

Der Schlupf bezeichnet das Gleiten zwischen Reifen und Fahrbahn. Er definiert den Gleitanteil der Abrollbewegung in Längsrichtung (vgl. *Wolff*, 2017, S. 17). Abstrahiert werden durch den Schlupf differierende Geschwindigkeiten mechanischer Elemente bezeichnet, die im Reibkontakt zueinander stehen (vgl. *Eichhorn et al.*, 2017, S. 30 f.). Der Umfangsschlupf wird im Wertebereich $[-1;\ 1]$ angegeben. Während bei null das Rad frei rollend ist, stellt der positive Wertebereich das Blockieren beim Bremsvorgang dar. Der negative Wertebereich beschreibt durchdrehende Reifen beim Beschleunigungsvorgang. Der Schlupf wird durch λ definiert (*Scherf*, 2010, S. 25):

$$\lambda = \frac{v_F - v_R}{v_F} \hspace{4cm} \textit{Schlupf (2)}$$

Des Weiteren ist v_F die Fahrzeuggeschwindigkeit und v_R die Reifengeschwindigkeit.

2.3 Bremsvorgang eines sicheren Fahrzeugs

Das im Rahmen dieser Arbeit beschriebene System „dynamischer Bremsvorgang eines Pkw ohne ABS" beschreibt eine Verzögerungsbremsung. Hierbei wird die Fahrzeuggeschwindigkeit ggf. bis zum Stillstand des Fahrzeugs verringert. Der Fahrer betätigt die Betriebsbremsanlage, wodurch Reibungskräfte zwischen Reifen und Fahrbahn übertragen werden. (vgl. *Wolff*, 2017, S. 17)

Wenn beim Bremsen die Haftung zwischen Reifen und Fahrbahn verloren geht, können gefährliche Situationen entstehen. Falls die am Rad wirkenden Verzögerungskräfte größer sind als die Haftgrenze zwischen Reifen und Fahrbahn, kommt es zum Gleitvorgang (s. 2.2) (vgl. *ebd.*, S. 17).

Der über die Betriebsbremsanlage ausgeführte Bremsvorgang wird über die Bremsscheiben eingeleitet. Dies verursacht eine Verzögerung in der Winkelgeschwindigkeit der Räder und bewirkt in der Reifenaufstandsfläche einen Schlupf, woraus wiederum eine vom Schlupf abhängige Reibungskraft je Rad resultiert (s. 2.2). Diese Reibungskraft ist aufgrund des Nickmoments an den Vorderreifen höher als an den Hinterreifen. (vgl. *Scherf*, 2010, S. 36)

2.4 Sicheres Fahren

Im Rahmen des dargelegten Zielsystems wird der Terminus „sicheres Fahren" definiert. Eine allgemeingültige Definition für sicheres Fahren im Straßenverkehr existiert nicht. Die BG Verkehr zählte wesentliche Faktoren auf, welche zu sicherem Fahren beitragen (vgl. *BG Verkehrswirtschaft*, 2017):

- Der Pkw soll nur mit angelegtem Sicherheitsgurt gefahren werden.
- Aufmerksamkeit ist im Straßenverkehr vorauszusetzen.
- Geeignetes Schuhwerk muss getragen werden.
- Es muss hinreichend Abstand im Straßenverkehr gehalten werden.
- Die Geschwindigkeit muss an die Gegebenheiten angepasst werden.

- Durch Fahrerassistenzsysteme können kritische Situationen vermieden werden. Im Bremsvorgang ist durch das ABS weiterhin eine vollständige Kontrolle des Pkw gegeben.

Für die Verkehrssicherheit im Bremsvorgang ist die Dauer und Länge des Bremswegs entscheidend. Diese beiden Faktoren hängen nicht zuletzt von der Reaktionszeit des Fahrers ab. Zwei Drittel des Bremswegs werden bei konstanter Geschwindigkeit innerhalb der Reaktionszeit zurückgelegt. (vgl. *Wolff*, 2017, S. 19) Sie beinhaltet „die Zeitspanne von der Wahrnehmung eines Hindernisses, die Entscheidung des Fahrers und das Umsetzen des Fußes […] auf das Bremspedal" (*ebd.*, S. 19). Das im Rahmen dieser Ausarbeitung betrachtete System berücksichtigt die Zeitspanne des tatsächlichen Bremsvorgangs ab Betätigen der Bremsanlage. Es ist festzuhalten, dass diese Zeitspanne nur ein Drittel des gesamten Bremswegs umfasst.

Hinsichtlich des sicheren Fahrens liegt das Hauptaugenmerk auf der Aufmerksamkeit im Straßenverkehr und der Reaktionsschnelligkeit des Fahrers im Bremsvorgang. Ein funktionierendes Bremssystem ist vorauszusetzen. Diese Grundgegebenheit wird im Folgenden durch das System „dynamischer Bremsvorgang eines Pkw ohne ABS" unter besonderer Berücksichtigung variabler Fahrzeuggeschwindigkeiten und Fahrzeugmassen untersucht. Es folgt die mathematische Beschreibung des Modells und die Veranschaulichung des Systems in MATLAB-Simulink.

3   Systemidentifikation

3.1   Bremsvorgang eines Pkw ohne ABS

Abbildung 1 zeigt den Bremsvorgang eines Pkw, welcher ausgehend von der Geschwindigkeit $v_{F,0}$ „durch einen Bremsvorgang bis zum Stillstand abgebremst wird. Im Latsch (Reifenaufstandsfläche) der Vorderreifen wirkt die Reibungskraft $F_{R,V}$, an den Hinterrädern wirkt die Reibungskraft $F_{R,H}$" (*Scherf*, 2010, S. 24). Die im Latsch wirkende Reibungskraft ist abhängig vom Schlupf sowie vom durch den Bremsvorgang resultierenden Nickmoment[1]. (vgl. *ebd.*, S. 24) (s. 2.2, 2.3).

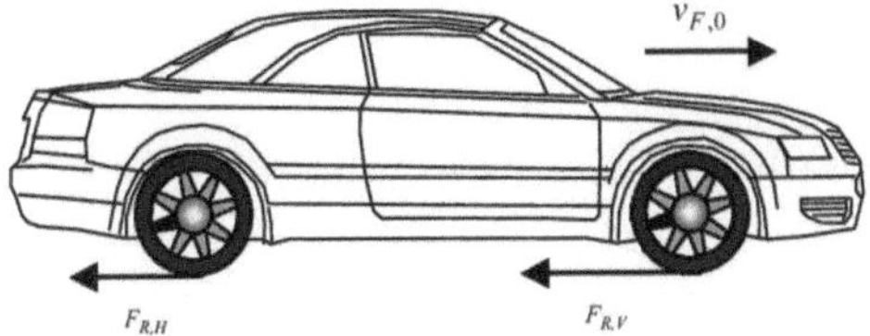

Abbildung 1 - Bremsvorgang eines Pkw (*Scherf*, 2010, S. 24)

---

[1] Das Nickmoment beschreibt das Drehmoment, welches durch den höher liegenden Fahrzeugschwerpunkt am Rad entsteht (vgl. Eichhorn et al., 2017, S. 38 f.).

Die relevanten Zahlenwerte im System „dynamischer Bremsvorgang eines Pkw ohne ABS" sind in Tabelle 1 aufgelistet. Es handelt sich um die Größen, welche während der Simulation konstant bleiben:

$r_R = 0,3\ m$	Reifenradius
$J_R = 0,8\ kgm^2$	Massenträgheitsmoment des Reifens
$A = 2\ m^2$	Stirnfläche
$c_\omega = 0,3$	Luftwiderstandsbeiwert
$P = 1,2\ \dfrac{kg}{m^3}$	Luftdichte
$g = 9,81\ \dfrac{m}{s^2}$	Erdbeschleunigung
$c_1 = 0,86$	Koeffizient für die Reibbeiwertberechnung
$c_2 = 33,82$	Koeffizient für die Reibbeiwertberechnung
$c_3 = 0,36$	Koeffizient für die Reibbeiwertberechnung
$M_B = 5355\ Nm$	Bremsmoment des Fahrzeugs

Tabelle 1 - Konstante Zahlenwerte des betrachteten Systems *(eigene Darstellung)* (vgl. Scherf, 2010, S. 34)

3.2   Aufstellen der Bewegungsgleichungen

Im Folgenden werden die Bewegungsgleichungen des Systems analysiert. Das Rad und der Pkw werden getrennt betrachtet. Abbildung 2 zeigt das freigeschnittene Rad.

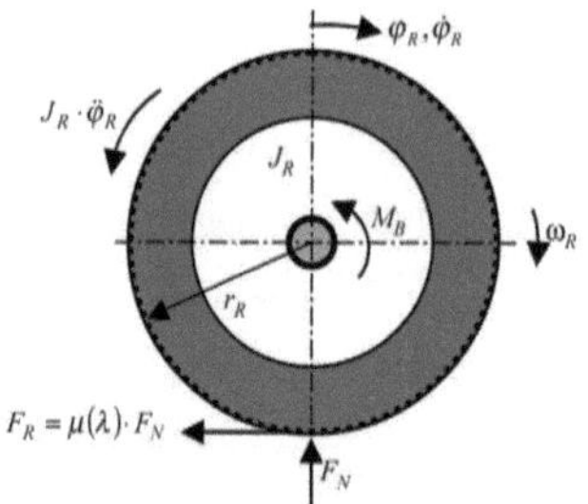

Abbildung 2 - Freigeschnittenes Rad (*Scherf*, 2010, S. 25)

Die Bewegungsrichtung des Rads mit der Winkelgeschwindigkeit ω_R ist nach rechts definiert. Das Bremsmoment M_B des Rads wirkt der Winkelgeschwindigkeit entgegengesetzt. Die im Latsch entstehende Reibungskraft F_R verzögert das Fahrzeug und bewirkt mit dem Reifenradius r_R ein Drehmoment M_R, welches das Rad antreibt. (vgl. *Scherf*, 2010, S. 25) Die Bewegungsgleichung *(3)* (*ebd.*, S. 25) ergibt sich mit dem Drallsatz aus dem Momentengleichgewicht um den Mittelpunkt des Rads.

$$J_R \cdot \ddot\varphi = F_R \cdot r_R - M_B \qquad\qquad \textit{Bewegungsgleichung Rad (3)}$$

Die angreifende Reibungskraft F_R des Reifens (4) (*ebd.*, S. 25) hängt vom Reibungskoeffizient μ und der nach oben wirkenden Normalkraft F_N ab. Die Normalkraft kompensiert die Gewichtskraft F_G des Fahrzeugs und das angreifende Nickmoment.

$$F_R = \mu \cdot F_N \qquad\qquad\qquad \textit{Reibungskraft (4)}$$

Der Reibungskoeffizient μ hängt vom Schlupf (2) (s. 2.2) zwischen Reifen und Fahrbahn ab. Die Beziehung zwischen Reibungskoeffizient und Schlupf für eine trockene Asphaltstraße zeigt Abbildung 4. Der höchste Reibungskoeffizient tritt bei einem Schlupf von 0,13 auf. Bei einem blockierendem Rad stellt sich ein Reibungskoeffizient von 0,5 ein. Für das betrachtete System wird folgende Gleichung (5) (*ebd.*, S. 25) verwendet.

$$\mu(\lambda) = c_1 \cdot (1 - e^{-c_2 \cdot \lambda}) - c_3 \cdot \lambda \qquad\qquad \textit{Reibungskoeffizient (5)}$$

Die Bewegungsgleichung des Pkw ergibt sich aus Abbildung 5. Die D'Alambertsche Trägheitskraft $m \cdot \ddot{x}_F$ ist entgegen der Fahrtrichtung x_F definiert. (vgl. *ebd.*, S. 26)

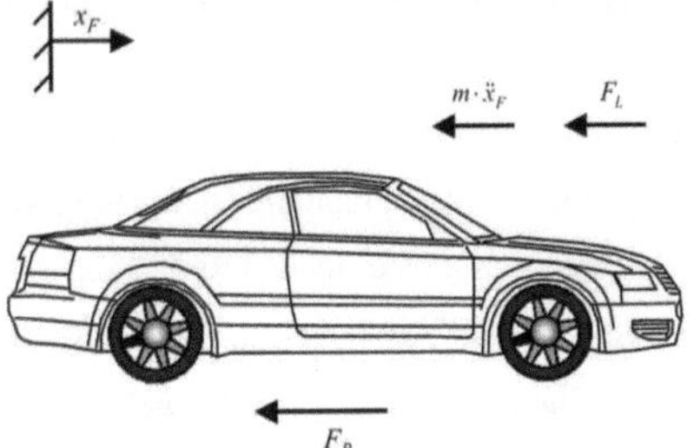

Abbildung 3 - Freigeschnittener Pkw (*Scherf*, 2010, S. 26)

Die Reibungskraft der vier Räder wird zur Reibungskraft F_R zusammengefasst und ist analog zur Luftwiderstandskraft F_L (6) (2010, S. 26) entgegen der Fahrtrichtung x_F definiert. Beide Kräfte bremsen das Fahrzeug ab. F_L hängt hierbei von der Geschwindigkeit v_F des Fahrzeugs ab. Alle weiteren Größen zur Berechnung der Luftwiderstandskraft sind konstant (s. Tabelle 1).

$$F_L = c_\omega \cdot A \cdot \frac{\rho}{2} \cdot v^2_F \qquad\qquad \textit{Luftwiderstandskraft (6)}$$

Das aus Abbildung 3 resultierende Kräftegleichgewicht ergibt folgende Bewegungsgleichung des Pkw (7) (*ebd.*, S. 27). Hierzu werden die Formeln der Reibungskraft F_R (4) und der Luftwiderstandskraft F_L (6) verwendet.

$$m \cdot \ddot{x}_F = -\mu(\lambda) \cdot F_N - c_\omega \cdot A \cdot \frac{\rho}{2} \cdot v^2_F \qquad\qquad \textit{Bewegungsgleichung Pkw (7)}$$

3.3 Aufbau und Beschreibung des Blockschaltbilds

Das Blockschaltbild für das System „dynamischer Bremsvorgang eines Pkw ohne ABS" (s. Abbildung 4) ergibt sich für den oberen Teil aus der Bewegungsgleichung des Rads (3), der Berechnung des Schlupfs λ *(2)* und des Reibungskoeffizienten $\mu(\lambda)$ (5) sowie der Reibungskraft F_R (4). Der Pkw wird im unteren Teil des Blockschaltbilds betrachtet. Hier fließen die Bewegungsgleichung des Pkw (7) sowie die Berechnung der Luftwiderstandskraft F_L (6) mit ein. Die Reibungskraft F_R, welche zum einen für das Rad über den Reifenradius r_R das Drehmoment M_R erzeugt, wird der Bewegungsgleichung des Pkw (7) als abbremsende, negative Kraft zugeführt. Die Reibungskraft F_R verbindet somit die DGL des Rads (3) und des Pkw (7).

Es ist zu berücksichtigen, dass das Bremsmoment des Rads $M_B = 5355\ Nm$ dem Summanden vor dem Block *Gain* als Konstante zugeführt wird. Hierüber wird die Bewegungsgleichung des Rads (3), aufgelöst nach $\ddot{\varphi}$, berechnet. Durch Integration von $\ddot{\varphi}$ nach der Zeit t und Multiplikation mit dem Reifenradius r_R ergibt sich die aktuelle Reifengeschwindigkeit $v_R(t)$.

Im Block *Product* folgt die Berechnung des Schlupfs λ *(2)* und des Reibungskoeffizienten $\mu(\lambda)$ (5) im Block *Fcn*. Im Block *Gain2* wird die Normalkraft F_N berechnet, bei welcher das Nickmoment mit dem Faktor 1,5 berücksichtigt wird. Durch Multiplikation des Reibungskoeffizienten $\mu(\lambda)$ (5) mit der Normalkraft F_N ergibt sich die Reibungskraft F_R (4). Die Multiplikation der Reibungskraft F_R mit dem Reifenradius r_R ergibt das Drehmoment des Reifens M_R. Es treibt den Reifen an.

Die Reibungskraft F_R (4) wird im Summanden vor dem Block *Gain4* zusätzlich der Bewegungsgleichung des Pkw (7) zugeführt. Sie bremst den PK Pkw W ab und ist daher negativ. Vorgelagert wird die die Luftwiderstandskraft F_L (6) berechnet, welche von der aktuellen Fahrzeuggeschwindigkeit $v_F(t)$ abhängt. Auch sie bremst das Fahrzeug ab. Durch Division mit der Masse m des Fahrzeugs sowie Integration nach der Zeit t ergibt sich aus der Fahrzeugbeschleunigung $\ddot{x}(t)$ die aktuelle Fahrzeuggeschwindigkeit $v_F(t)$. Im Bremsvorgang ist die Fahrzeugbeschleunigung $\ddot{x}(t)$ negativ. Durch erneute Integration nach der Zeit t ergibt sich der zurückgelegte Bremsweg des Pkw $x\,(t)$. (vgl. Scherf, 2010, S. 27 f.)

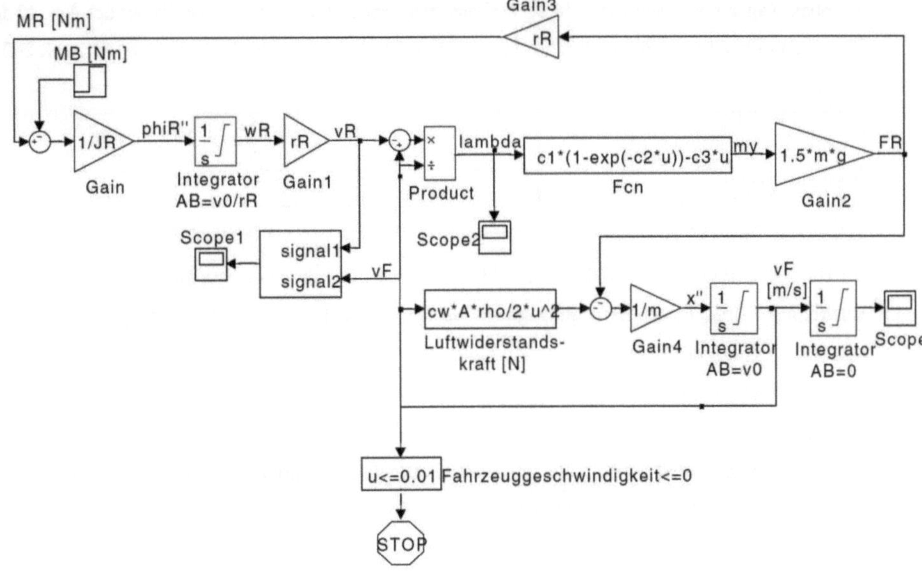

__Abbildung 4__ - Blockschaltbild: "Dynamischer Bremsvorgang eines Pkw ohne ABS" (*Scherf*, 2010, S. 27)

4   Simulation und Diskussion

4.1   Durchführung der Simulation

Zur erfolgreichen Durchführung der Simulation in MATLAB Simulink wurden die in Tabelle 1 festgelegten kontinuierlichen Größen dem Modell hinzugefügt. Die zeitabhängigen Größen des Modells sind die Reibungskraft F_R (4), der Schlupf λ (2), der Reibungskoeffizient $\mu(\lambda)$ (5) und das resultierende Drehmoment M_R. Auf diese Größen wird in der Analyse der Ergebnisse eingegangen.

In der folgenden Simulation des Systems „dynamischer Bremsvorgang eines Pkw ohne ABS" wird ein besonderes Augenmerk auf unterschiedliche Radgeschwindigkeiten $v_R(t)$ und Fahrzeuggeschwindigkeiten $v_F(t)$ im Zeitverlauf gelegt. Im Simulationsmodell sind diese in den Bewegungsgleichungen des Rads (3) sowie des Pkw (7) enthalten (vgl. *Scherf*, 2010, S. 27).

Die Eingangsgrößen des betrachteten Systems sind die Fahrzeugmasse m und die Anfangsgeschwindigkeit $v_{F,0}$ des Pkw. Sie sind in Tabelle 2 ersichtlich. Für die Anfangsgeschwindigkeit $v_{F,0}$ wurden die realistischen Werte $\{70; 100; 130\}$ $\frac{km}{h}$ verwendet. Es ist zu beachten, dass die Anfangsgeschwindigkeit $v_{F,0}$ im Blockschaltbild in der SI-Einheit $\left[\frac{m}{s}\right]$ angegeben ist. Für die Fahrzeugmasse $m = \{1000; 1500; 2000\}\,kg$ wurden die Durchschnittsgewichte für einen Kleinwagen, einen

Kompaktwagen und einen Pkw der SUV-Klasse verwendet. Die Auswahl basiert auf der Anzahl der Pkw Zulassungen nach Segmenten im Jahr 2021 (s. Kapitel 1) (s. Abbildung 5) (vgl. *Statista*, 2021, S. 27).

Anfangsgeschwindigkeit $v_{F,0}$	$70\ \frac{km}{h}$	$100\ \frac{km}{h}$	$130\ \frac{km}{h}$
Fahrzeugmasse m	$1000\ kg$	$1500\ kg$	$2000\ kg$

Tabelle 2 - Parameterpaare von Anfangsgeschwindigkeit und Fahrzeugmasse des Pkw (eigene Darstellung)

Im Blockschaltbild in Simulink (s. Abbildung 4) sind die Fahrzeugmasse m und die Anfangsgeschwindigkeit $v_{F,0}$ in der Bewegungsgleichung des Pkw (7) enthalten. Als Anfangsbedingung ist $v_{F,0}$ im Integrator der Fahrzeuggeschwindigkeit $v_F(t)$ hinterlegt. Beide Größen haben Auswirkung auf die aktuelle Fahrzeuggeschwindigkeit $v_F(t)$, die der Bewegungsgleichung des Rads (3) zugeführt wird (vgl. *Scherf*, 2010, S. 27).

Das vorgestellte Modell wird für alle in Tabelle 2 aufgelisteten variablen Parameterpaare des Pkw in MATLAB Simulink simuliert. Hieraus ergeben sich neun Parameterkombinationen. Im Folgenden werden die Simulationsergebnisse des Modells vorgestellt. Die in Tabelle 1 gelisteten Zahlenwerte sind in der Simulation als konstant und zeitunabhängig anzusehen. Dies gilt insbesondere für das Bremsmoment M_B, welches für das Bremsen des Rads (3) verantwortlich ist.

In der Vorstellung der Ergebnisse wird auf die verschiedenen Rad- und Fahrzeuggeschwindigkeiten $v_R(t)$ und $v_F(t)$ im Zeitverlauf eingegangen. Ferner wird der Blockiervorgang der Räder im Bremsverlauf sowie die Auswirkungen auf die Bremsstrecke s und die Bremszeit t des Pkw dargelegt.

4.2 Veränderung der Anfangsgeschwindigkeit

In Abbildung 5 ist der Verlauf der Rad- und Fahrzeuggeschwindigkeiten $v_R(t)$ und $v_F(t)$ für die Anfangsgeschwindigkeit $v_{F,0} = \{70; 100; 130\}\ \frac{km}{h}$ bzw. $\{19{,}4; 27{,}8; 36{,}1\}\ \frac{m}{s}$ mit einer Fahrzeugmasse $m = 1500\ kg$ für einen Bremsvorgang ohne ABS ersichtlich. Der Verlauf der Rad- und Fahrzeuggeschwindigkeiten $v_R(t)$ und $v_F(t)$ für die Fahrzeugmasse $m = \{1000; 2000\}\ kg$ sind in Anhang 3 dargestellt.

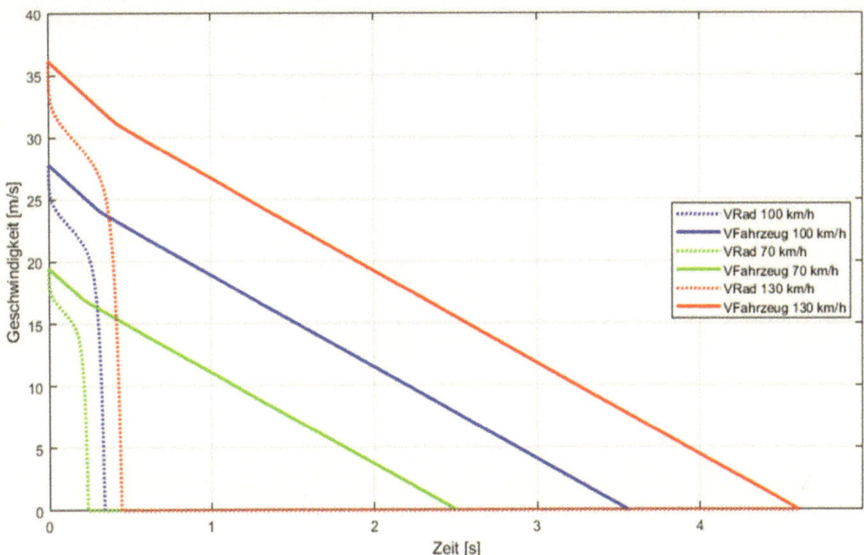

Abbildung 5 - Rad- und Fahrzeuggeschwindigkeit ohne ABS (Vollbremsung), Masse =1500 kg, verschiedene Anfangs-geschwindigkeiten (eigene Darstellung)

Bei einer Anfangsgeschwindigkeit $v_{F,0} = 70\ \frac{km}{h}$ bringt das wirkende Bremsmoment M_B das Rad nach 0,24 Sekunden zum Stillstand. Für $v_{F,0} = \{100; 130\}\frac{km}{h}$ ist dies jeweils nach 0,34 und 0,44 Sekunden der Fall. Zum Zeitpunkt der Blockade verringert sich die negative Beschleunigung des Fahrzeugs $\dot{v}_F(t)$ und die Bremsdauer verlängert sich. Für $v_{F,0} = \{70; 100; 130\}\ \frac{km}{h}$ kommt das Fahrzeug jeweils nach $\{2,5; 3,56; 4,6\}$ Sekunden zum Stillstand.

> ➢ *Bei steigender Anfangsgeschwindigkeit steigt die Dauer bis zur Blockade des Rads proportional an.*
> ➢ *Bei steigender Anfangsgeschwindigkeit steigt die Dauer des Bremsvorgangs proportional an.*
> ➢ *Eine veränderte Anfangsgeschwindigkeit hat bei gleichbleibender Fahrzeugmasse keinen Einfluss darauf, wie schnell das Rad blockiert.*
> ➢ *Beim Blockieren des Rads verringert sich die negative Beschleunigung des Fahrzeugs.*

In Abbildung 6 ist der Bremsweg s für die Anfangsgeschwindigkeit $v_{F,0} = \{70; 100; 130\}\ \frac{km}{h}$ und einer Fahrzeugmasse $m = 1500\ kg$ für einen Bremsvorgang ohne ABS ersichtlich. Der Bremsweg s für die Fahrzeugmasse $m = \{1000; 2000\}\ kg$ ist in Anhang 4 dargestellt.

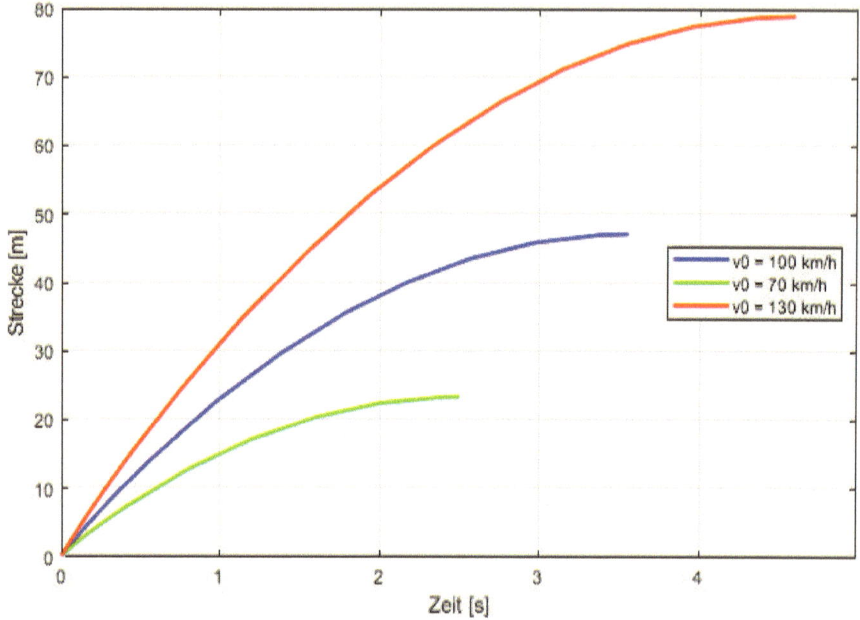

Abbildung 6 - Bremsweg ohne ABS (Vollbremsung), Masse = 1500 kg, verschiedene Anfangsgeschwindigkeiten (eigene Darstellung)

Bei der Anfangsgeschwindigkeit $v_{F,0} = \{70; 100; 130\}\frac{km}{h}$ kommt das Fahrzeug nach $\{23{,}19; 47{,}04; 78{,}28\}$ Meter zum Stehen.

> ➢ *Eine doppelte Anfangsgeschwindigkeit führt zu einem mehr als dreifachen Bremsweg.*

4.3   Veränderung der Fahrzeugmasse

Abbildung 7 zeigt den Verlauf der Rad- und Fahrzeuggeschwindigkeiten $v_R(t)$ und $v_F(t)$ für die Fahrzeugmasse $m = \{1000; 1500; 2000\}\,kg$ mit einer Anfangsgeschwindigkeit $v_{F,0} = 100\frac{km}{h}$ für einen Bremsvorgang ohne ABS.

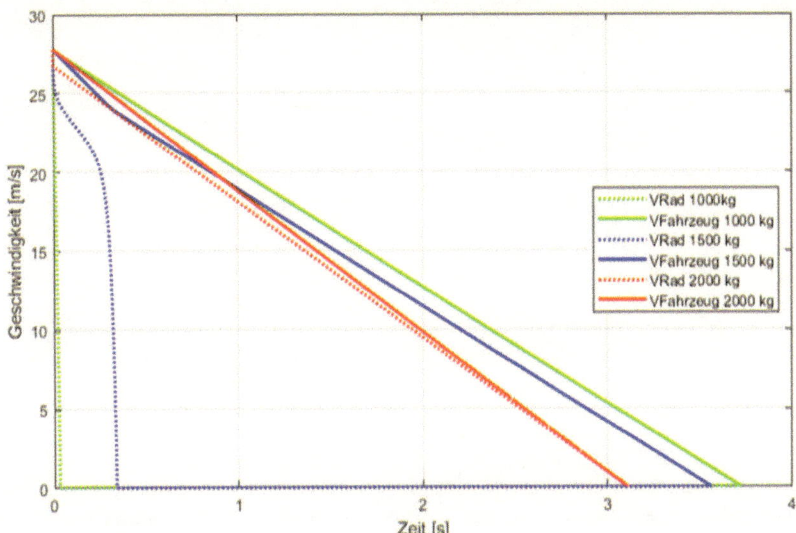

Abbildung 7 - Rad- und Fahrzeuggeschwindigkeit ohne ABS (Vollbremsung), $v_{F,0}$ = 100 km/h, verschiedene Fahrzeugmassen (eigene Darstellung)

Bei einer Fahrzeugmasse $m = 1500\ kg$ bringt das wirkende Bremsmoment M_B das Rad nach 0,34 Sekunden zum Stillstand. Bei einer Fahrzeugmasse $m = 1000\ kg$ blockiert das Rad bereits nach 0,03 Sekunden. Bei einer Fahrzeugmasse $m = 2000\ kg$ verhält sich $v_R(t)$ ähnlich zu $v_F(t)$. Sie kommen gleichzeitig zum Stehen. Die Blockade des Rads ist nicht gegeben. Für die Fahrzeugmasse $m = \{1000; 1500; 2000\}\ kg$ kommt das Fahrzeug jeweils nach $\{3,7; 3,56; 3,1\}$ Sekunden zum Stillstand.

Abbildung 7 veranschaulicht für das System „dynamischer Bremsvorgang eines Pkw ohne ABS", dass die Veränderung der Fahrzeugmasse bei gleichbleibender Anfangsgeschwindigkeit starke Auswirkungen auf den Bremsvorgang hat.

> ➢ *Je höher die Fahrzeugmasse, desto geringer die Bremsdauer.*
> ➢ *Je höher die Fahrzeugmasse, desto weniger blockiert das Rad.*

Abbildung 8 zeigt den Bremsweg s für die Fahrzeugmasse $m = \{1000; 1500; 2000\}\ kg$ mit einer Anfangsgeschwindigkeit $v_{F,0} = 100\ \frac{km}{h}$ für einen „dynamischen Bremsvorgang eines Pkw ohne ABS".

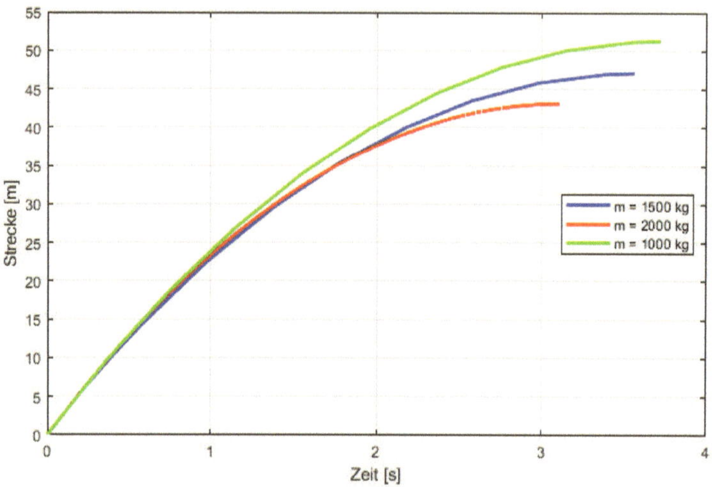

Abbildung 8 - Bremsweg ohne ABS (Vollbremsung), $v_{F,0}$ = 100 km/h, verschiedene Fahrzeugmassen (eigene Darstellung)

Für die Fahrzeugmasse $m = \{1000; 1500; 2000\}\, kg$ kommt das Fahrzeug nach $\{51{,}18; 47{,}04; 43{,}09\}\, m$ zum Stehen.

> ➤ *Je höher die Fahrzeugmasse, desto geringer der Bremsweg.*

Die Ergebnisse der durchgeführten Simulationen (s. 4.2, 4.3) sind in Tabelle 3 ersichtlich.

	$m = 1000\ kg$		$m = 1500\ kg$		$m = 2000\ kg$	
Anfangsgeschwindigkeit-	Bremsdauer	Bremsweg	Bremsdauer	Bremsweg	Bremsdauer	Bremsweg
$v_{F,0} = 70\ \dfrac{km}{h}$	2,6 s	25,31 m	2,5 s	23,19 m	2,2 s	21,19 m
$v_{F,0} = 100\ \dfrac{km}{h}$	3,7 s	51,18 m	3,6 s	47,04 m	3,1 s	43,09 m
$v_{F,0} = 130\ \dfrac{km}{h}$	4,8 s	85,40 m	4,6 s	78,28 m	4,0 s	72,44 m

Tabelle 3 - Ergebnisse der Parameterpaare aus Anfangsgeschwindigkeit und Fahrzeugmasse (eigene Darstellung)

Es folgt die Analyse der Simulation aus Kapitel 4.2 und 4.3. Die dargelegten Ergebnisse in Tabelle 3 werden hinsichtlich des ausgerufenen Zielsystems analysiert.

4.4 Analyse der Ergebnisse: Anfangsgeschwindigkeit

Die Rad- und Fahrzeuggeschwindigkeiten $v_R(t)$ und $v_F(t)$ im Zeitverlauf für verschiedene Anfangsgeschwindigkeiten bei einer Masse $m = 1500\ kg$ (s. Abbildung 5) zeigen den proportionalen

Anstieg der Bremsdauer bei steigender Anfangsgeschwindigkeit $v_{F,0}$. Es lässt sich feststellen, dass die Anfangsgeschwindigkeit $v_{F,0}$ nur bedingt ein Treiber der *Radgeschwindigkeit* und des Bremsvorgangs im zeitlichen Verlauf ist. Zwar verhält sich die Dauer des Bremsvorgangs proportional zur Veränderung der Anfangsgeschwindigkeit $v_{F,0}$, jedoch bleiben alle weiteren zeitabhängigen Größen konstant. Unabhängig von der Anfangsgeschwindigkeit $v_{F,0}$ beginnt das Rad nach einer gewissen Zeit zu blockieren.

Dies ist im Blockschaltbild (Abbildung 4) ersichtlich. Eine Veränderung von $v_{F,0}$ setzt lediglich die Anfangsbedingung des Integrators in der Bewegungsgleichung des Pkw (7) nach oben. Die zeitabhängigen Größen (Schlupf und Reibungskoeffizient) sind unabhängig von einer Änderung der Anfangsgeschwindigkeit $v_{F,0}$ und bleiben konstant (s. Anhang 6). Durch das Blockieren nimmt der Schlupf einen Wert von eins an, während der Reibungskoeffizient auf 0,5 absinkt.

4.5 Analyse der Ergebnisse: Fahrzeugmasse

Die Rad- und Fahrzeuggeschwindigkeiten $v_R(t)$ und $v_F(t)$ im Zeitverlauf für verschiedene Fahrzeugmassen bei einer Anfangsgeschwindigkeit $v_{F,0} = 100 \ \frac{km}{h}$ (s. Abbildung 7) zeigen die starken Auswirkungen einer variablen Fahrzeugmasse auf $v_R(t)$ sowie auf die Dauer und Strecke des Bremsvorgangs:

> ➢ *Je höher die Fahrzeugmasse, desto geringer die Bremsdauer und der Bremsweg (s. auch Tabelle 3).*
> ➢ *Je höher die Fahrzeugmasse, desto weniger blockiert das Rad.*
> ➢ *Je weniger das Rad blockiert, desto geringer ist der Schlupf.*
> ➢ *Je weniger das Rad blockiert, desto kürzer ist der Bremsweg.*

Die Fahrzeugmasse ist Treiber der Radgeschwindigkeit und des Bremsvorgangs im zeitlichen Verlauf. Es folgt die Analyse der Erkenntnisse im Blockschaltbild (Abbildung 4):

Eine Erhöhung der Fahrzeugmasse m hat zur Folge, dass die Normalkraft F_N im Block *Gain2* größer wird. Infolgedessen steigt die Reibungskraft F_R (4) und das Drehmoment M_R, welches in der Bewegungsgleichung des Rads (3) die Wirkung des Bremsmomenten M_B verringert und das Rad antreibt. In Anhang 6 ist die Reibungskraft für die Fahrzeugmassen im Zeitverlauf abgebildet (s. Tabelle 2). Die Höhe der Reibungskraft und des Drehmoments bestimmt die Dauer des Bremsvorgangs am Rad.

> ➢ *Je höher die Fahrzeugmasse, desto höher die Reibungskraft und das Drehmoment des Rads.*
> ➢ *Je höher die Reibungskraft und das Drehmoment, desto geringer die Wirkung des Bremsmomenten am Rad.*
> ➢ *Je höher die Reibungskraft und das Drehmoment, desto länger dauert der Bremsvorgang des Rads.*

In Anhang 6 ist ersichtlich, dass die Reibungskraft F_R für eine Fahrzeugmasse $m = 1500 \ kg$ sehr hoch ist, dann jedoch abfällt. Dies resultiert daraus, dass die Fahrzeugmasse $m = 1500 \ kg$ für das Bremsmoment $M_B = 5355 \ Nm$ zu klein ist und die Differenz zwischen $v_R(t)$ und $v_F(t)$ im

Zeitverlauf zu groß wird (s. Abbildung 7). Dadurch wird der Schlupf (2) größer und der Reibungs-koeffizient (5) geringer. Hieraus folgt, dass auch das Drehmoment M_R am Reifen kleiner und die Wirkung des Bremsmoment M_B größer wird. Es kommt zur Blockade des Reifens.

Diese Blockade ist bei einer Fahrzeugmasse $m = 2000\ kg$ nicht gegeben. Durch die konstant hohe Reibungskraft F_R und Drehmoment M_R wird die Wirkung des Bremsmomenten M_B am Rad verrin-gert (3). Zwar verlängert sich die Bremsdauer des Rads, jedoch kommt es nicht zur Blockade. Der Schlupf (0,05) und Reibungskoeffizient (0,6) bleiben konstant (s. Anhang 2). Hieraus ergeben sich die geringste Bremsdauer und der kürzeste Bremsweg für das Fahrzeug (s. Abbildung 8).

Für die Fahrzeugmasse $m = 1000\ kg$ ist die Reibungskraft F_R geringer als bei $m = \{1500; 2000\}\ kg$ und sinkt sofort ab (s. Anhang 6). Dies resultiert aus der Blockade des Reifens, da das Drehmoment M_R für das angreifende Bremsmoment $M_B = 5355\ Nm$ am Reifen zu klein ist (3). Durch die verringerte Reibungskraft F_R im Zeitverlauf ergibt sich eine kleinere negative Beschleu-nigung von $\dot{v}_F(t)$ (7). Der Bremsvorgang dauert am längsten an. (Tabelle 3)

In den vorangegangenen Analyse wurden die exakten Erläuterungen zum Schlupf, dem resultieren-den Reibungskoeffizienten (5) und deren Zusammenhang mit der Reibungskraft F_R bewusst außen vor gelassen. Auch die Bewegungsgleichung des Pkw, in der die Reibungskraft F_R bremsend wirkt, wurde in den Erläuterungen ausgeklammert. Diese Kenngrößen und Zusammenhänge haben starke Auswirkungen auf das betrachtete System „dynamischer Bremsvorgang eines Pkw ohne ABS" kom-biniert mit einer variablen Fahrzeugmasse. Diese werden im folgenden Kapitel erläutert.

4.6   Analyse der Ergebnisse: Schlupf

Die Ergebnisse der Simulation zeigen, dass der Blockiervorgang des Rads im „dynamischen Brems-vorgangs eines Pkw ohne ABS" unabhängig von der Anfangsgeschwindigkeit, jedoch abhängig von der Fahrzeugmasse ist (s. Abbildung 7). Ferner hängt die Bremsdauer und der Bremsweg von der Fahrzeugmasse ab. Die in 4.2, 4.3 und 4.5 aufgestellten Hypothesen lauten:

> ➤ *Eine veränderte Anfangsgeschwindigkeit bei gleichbleibender Masse hat keinen Einfluss darauf, wie schnell das Rad blockiert.*
> ➤ *Je höher die Fahrzeugmasse, desto geringer die Bremsdauer und der Bremsweg.*
> ➤ *Je höher die Fahrzeugmasse, desto weniger blockiert das Rad.*

Die Bremsdauer, der Bremsweg und das Blockieren des Rads hängen maßgeblich von der Entwick-lung des Schlupfs (2) ab (s. 2.2), aus welchem der Reibungskoeffizient (5) resultiert. Hieraus ergibt sich die Reibungskraft F_R (4), welche das Rad durch das Drehmoment M_R antreibt und das Fahrzeug (7) abbremst. Die folgenden Überlegungen basieren darauf, dass ein Bremssystem **ohne** ABS unter-sucht wird und das Bremsmoment $M_B = 5355\ Nm$ konstant bleibt (vgl. *Scherf*, 2010, S. 24–29).

Abbildung 19 zeigt den Schlupf und den Reibungskoeffizienten im Zeitverlauf für die Fahrzeug-masse $m = \{1000; 1500; 2000\}\ kg$ bei einer Anfangsgeschwindigkeit $v_{F,0} = 100\ \frac{km}{h}$ (s. Anhang 7). Die Blockade des Reifens für $m = \{1000; 1500\}\ kg$ ist mit einem Schlupf von 1 und einem Reibungskoeffizienten von 0,5 zu erkennen. Ein optimaler Reibungskoeffizient liegt für eine trockene Asphaltstraße bei 0,8 und ergibt sich aus einem Schlupf von 0,13 (s. Anhang 2). Sie stellen die Optimalwerte dar. Für kleine Massen gilt im Bremsvorgang ohne ABS ein hoher Schlupf (Blockade des Reifens) während für große Massen der Schlupf geringer wird (frei rollendes Rad).

Die Auswirkungen einer variablen Masse auf den Schlupf belegen das Blockschaltbild (s. Abbildung 4). Bei einer *größeren Fahrzeugmasse* wird der Quotient in *Gain4* kleiner und die negative Fahrzeugbeschleunigung des Pkw $\dot{v}_F(t)$ geringer. Die Differenz aus der Geschwindigkeit des Pkw und des Rads wird kleiner, je größer die Fahrzeugmasse ist (s. Abbildung 7). Daher geht der Schlupf (2) für eine steigende Fahrzeugmasse gegen Null (frei rollendes Rad). Bei kleiner werdendem Schlupf wird der Reibungskoeffizient (5) kleiner (s. Anhang 2). Somit verhalten sich die Fahrzeugmasse und der Reibungskoeffizient zueinander näherungsweise *antiproportional*. Resultierend steigt die Bremsdauer proportional zur steigenden Fahrzeugmasse, sofern das Rad nicht blockiert. Für diese Überlegung wird die x-Achse in Anhang 2 anstatt des Schlupfs für die Fahrzeugmasse verwendet (0 $= \infty$ kg, 1 = 0 kg).

> Folgendes gilt für eine steigende Fahrzeugmasse, sofern das Rad nicht mehr blockiert:
> - *Je höher die Fahrzeugmasse, desto geringer der Schlupf, desto weniger blockiert das Rad.*
> - *Je höher die Fahrzeugmasse und je geringer der Schlupf, desto kleiner wird der Reibungskoeffizient.*
> - *Je höher die Fahrzeugmasse, desto mehr gleichen sich die Geschwindigkeit des Pkw und des Rads an.*
> - *Die Fahrzeugmasse und der Reibungskoeffizient verhalten sich näherungsweise antiproportional zueinander.*
> - *Die Bremsdauer verhält sich proportional zur steigenden Fahrzeugmasse.*

Somit ergibt sich im betrachteten „dynamischen Bremssystem eines Pkw ohne ABS" ein Optimum für die Fahrzeugmasse, bei welchem das Rad noch nicht blockiert und die Bremsdauer sich nicht proportional zur gesteigerten Fahrzeugmasse verhält. In diesem Optimum ist die Bremszeit und der Bremsweg am kürzesten (s. Abbildung 9). Die erfassten Daten sind in Anhang 9 ersichtlich.

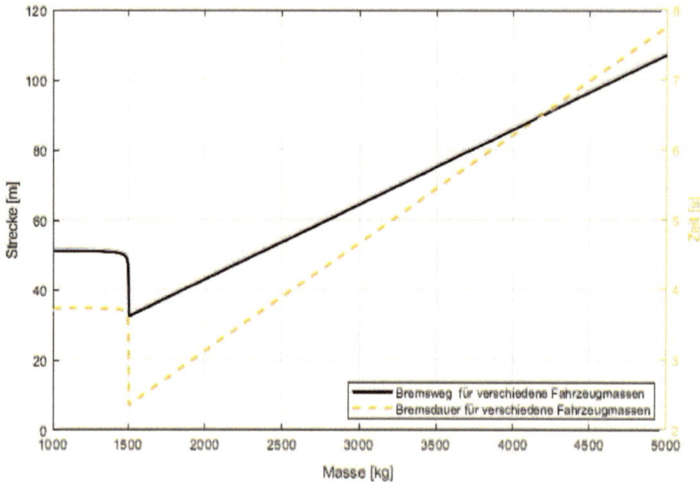

Abbildung 9 - Bremsdauer und Bremsweg für verschiedene Fahrzeugmassen (eigene Darstellung)

Der Tiefpunkt der beiden Graphen liegt bei einer Fahrzeugmasse $m = 1504\ kg$. Im Anhang 8 sind die Rad- und Fahrzeuggeschwindigkeiten, der Bremsweg sowie der Schlupf und der Reibungskoeffizient im Zeitverlauf für diese optimale Fahrzeugmasse abgebildet. Für die Kerngrößen ergeben sich die Optimalwerte von 0,13 und 0,8 für den Schlupf bzw. den Reibungskoeffizienten.

Der Schlupf (Endwert), der Reibungskoeffizient (Endwert) und die Reibungskraft F_R (Maximalwert) haben bei einer variablen Fahrzeugmasse den in Abbildung 10 ersichtlichen Verlauf.

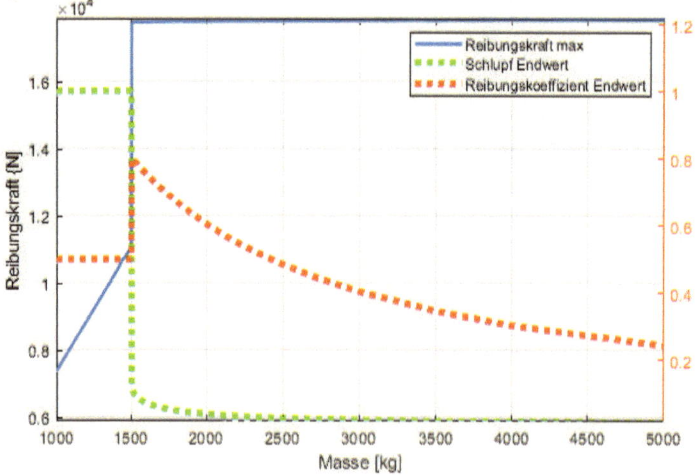

Abbildung 10 - Schlupf, Reibungskoeffizient und Reibungskraft für verschiedene Fahrzeugmassen (eigene Darstellung)

Ab einer Fahrzeugmasse $m = 1504\ kg$ stellt sich für die Reibungskraft F_R (4) ein Maximalwert ein. Dies resultiert aus dem näherungsweise antiproportionalem Verhältnis von Fahrzeugmasse und Reibungskoeffizient. Daher verlängert sich bei steigender Fahrzeugmasse die Bremszeit des Pkw, da die bremsende Reibungskraft F_R in der Bewegungsgleichung des Fahrzeugs (7) konstant bleibt, wohingegen die Fahrzeugmasse steigt.

Hieraus resultiert für die Fahrzeugmasse $m = 1504\ kg$ eine maximale Reibungskraft bei minimaler Fahrzeugmasse (s. Abbildung 10). Dies bewirkt in der Bewegungsgleichung des Rads (3) und des Fahrzeugs (7) eine maximal negative Beschleunigung. Dieser stationäre Zustand gleicht dem Wirkungsprinzip des Bremssystems **mit** ABS, bei welchem das Bremsmoment M_B am Rad so geregelt wird, dass sich ein optimaler Schlupf und eine optimale Reibungskraft ergibt.

> ➢ *Ab der Fahrzeugmasse m = 1504 kg ist die Reibungskraft konstant.*
> ➢ *Im Optimalfall ergibt sich ein Schlupf von 0,13 und ein Reibungskoeffizient von 0,8 bei maximaler Reibungskraft und minimaler Fahrzeugmasse.*

Die Analyse der Ergebnisse dieses Kapitels bestätigen den Schlupf (2) als Kerngröße effizienter Bremssysteme. Wenn der Schlupf einen Optimalwert von 0,13 erreicht, so arbeitet das „dynamische Bremssystem ohne ABS" am effizientesten.

4.7 Ergebnisse mit Blick auf die Fahrsicherheit

Im Rahmen der Identifikation des Konzepts „sicheres Fahren" für das System „dynamischer Bremsvorgang eines Pkw ohne ABS" unter besonderer Berücksichtigung variabler Fahrzeuggeschwindigkeiten und Fahrzeugmassen werden die in 4.4, 4.5 und 4.6 analysierten Ergebnisse in den Kontext der Fahrsicherheit (s. 2.4) eingeordnet. Hinsichtlich der Fahrsicherheit ist die Bremsdauer und die Länge des Bremswegs entscheidend.

Die BG Verkehr empfiehlt hinreichend Abstand im Straßenverkehr (vgl. 2017). Dies rekurriert auf den Bremsweg bei einer Vollbremsung. In Tabelle 3 ist ersichtlich, dass sich der Bremsweg abhängig von der Fahrzeugmasse und Anfangsgeschwindigkeit verändert. Eine Blockade der Räder bei kleinerer Fahrzeugmasse und gleichbleibender Anfangsgeschwindigkeit verlängert den Bremsweg um ca. 20 %. Daher ist die Blockade des Reifens durch eine zu geringe Fahrzeugmasse zu vermeiden (s. Abbildung 8). Für eine höhere Fahrsicherheit ist daher die Fahrzeugmasse entscheidend (s. Anhang 8). Hierbei stellt das konstante Bremsmoment das größte Problem dar. Je höher die Fahrzeugmasse, desto weniger ist die Bremsanlage darauf ausgelegt, die Räder zum Bremsen zu bringen (s. 4.3, 4.5). Je höher die Fahrzeugmasse, desto länger der Bremsweg (s. Abbildung 10).

Ferner empfiehlt die BG Verkehr eine angepasste Geschwindigkeit im Straßenverkehr (vgl. *ebd.*) (s. 2.4). In der Analyse der Ergebnisse wurde die Anfangsgeschwindigkeit des Fahrzeugs nur bedingt als Treiber der *Radgeschwindigkeit* identifiziert (s. 4.4). Dennoch ist in Tabelle 3 ersichtlich, dass die Anfangsgeschwindigkeit starke Auswirkungen auf die Bremsdauer und den Bremsweg hat. Wird die Anfangsgeschwindigkeit verdoppelt, vervierfacht sich der Bremsweg. Zudem verdoppelt sich die Bremsdauer. Die Anfangsgeschwindigkeit ist somit Haupttreiber der *Fahrzeuggeschwindigkeit* im System des „dynamischen Bremsvorgangs eines Pkw ohne ABS". Ausgehend von diesen Rückschlüssen empfiehlt es sich, hinsichtlich der Fahrsicherheit eine optimale Fahrzeugmasse bei möglichst geringer Anfangsgeschwindigkeit zu wählen.

Zuletzt werden laut BG Verkehr kritische Situationen durch Fahrer-Assistenz-Systeme vermieden (vgl. *ebd.*) (s. 2.4). Dies rekurriert auf das Verwenden von ABS, welches im betrachteten System für die Fahrzeugmasse $m = 1504\ kg$ nachgestellt wurde. Hierbei stellte sich der Schlupf als Kerngröße heraus, der entsprechend Anhang 2 den bestmöglichen Reibungskoeffizienten ergibt. Die in 4.6 dargelegten Erkenntnisse für die Fahrzeugmasse $m = 1504\ kg$ sind für das betrachtete System die zu erreichenden Optimalbedingungen einer variablen Fahrzeugmasse, welche die größte Fahrsicherheit gewährleisten (s. Anhang 8).

Das ABS regelt in seiner eigentlichen Funktionsweise das Bremsmoment am Rad und ist unabhängig vom konstanten Wert der Fahrzeugmasse. Die Bremskraft wird durch einen zyklischen Auf- und Abbau knapp unter der Blockierschwelle des Rads gehalten. Das Fahrzeug bleibt lenkbar und hat einen optimalen Bremsweg (vgl. *Wolff*, 2017, S. 21 f.).

5   Fazit

Die Ergebnisse dieser Arbeit liefern eine fundierte Beurteilung des sicheren Fahrens im System „dynamischer Bremsvorgang eines Pkw ohne ABS" (s. 3). In den durchgeführten Simulationen (s. 4.1, 4.2, 4.3) wurden neun verschiedene Parameterkombinationen aus Fahrzeugmasse und Anfangsgeschwindigkeit (s. Tabelle 2) für einen Bremsvorgang ohne ABS ausgewertet (s. 4.4, 4.5). Hierauf aufbauend wurden in Kapitel 4.6 der Schlupf und Reibungskoeffizient für variable Fahrzeugmassen analysiert. Es resultierte ein stationärer Zustand der Fahrzeugmasse, bei welchem Optimalbedingungen für das System „dynamischer Bremsvorgang eines Pkw ohne ABS" erreicht wurden. Zuletzt wurden die Analysen in den Kontext für sicheres Fahren gesetzt (s. 4.7).

Das im Rahmen dieser Arbeit dargelegte Zielsystem zur *Identifikation des Konzepts „sicheres Fahren" für das System „dynamischer Bremsvorgang eines Pkw ohne ABS" unter besonderer Berücksichtigung variabler Fahrzeuggeschwindigkeiten und Fahrzeugmassen* (s. Tabelle 2) wurde vollumfänglich erarbeitet. Die Simulationsergebnisse ergaben genaue Rückschlüsse zu sicherem Fahren für das betrachtete System (s. 4.7). Die besten Voraussetzungen bieten eine geringe Anfangsgeschwindigkeit bei einer Fahrzeugmasse $m = 1504\ kg$ (s. Abbildung 9, Anhang 8).

Die in Kapitel 3 ausgeführte mathematische Identifikation des Systems und die Veranschaulichung des Modells in MATLAB-Simulink ist die ganzheitliche Basis für die Simulation und Diskussion der Ergebnisse (s. 4) und erfüllt zusätzlich das erste Modalziel.

Die Analyse der Ergebnisse (s. 4.4, 4.5) belegen die *Fahrzeugmasse* als Treiber der *Radgeschwindigkeit* im Zeitverlauf. Die *Anfangsgeschwindigkeit* ist Treiber der *Fahrzeuggeschwindigkeit* (Bremszeit und Bremsweg) im Zeitverlauf (s. Tabelle 3, 4.7). Ferner hat die Anfangsgeschwindigkeit des Fahrzeugs bei gleichleibender Fahrzeugmasse nur bedingt Einfluss darauf, wie schnell das Rad blockiert (s. 4.4, Anhang 5). Daher wurde nur die Fahrzeugmasse als Treiber der Radgeschwindigkeit im Zeitverlauf identifiziert. Das zweite Modalziel ist somit nur bedingt erfüllt.

Zuletzt wurde der Schlupf als Kerngröße effizienter Bremssysteme herausgearbeitet (s. 4.6). Im betrachteten System ergibt sich für einen Schlupf von 0,13 ein optimaler stationärer Zustand und das effizienteste Bremsverhalten (s. Abbildung 9, Abbildung 10, Anhang 2, Anhang 8). Dies entspricht der Funktionsweise des ABS, welches das Bremsmoment regelt und den Schlupf optimiert. In diesem Zustand ist die größte Fahrsicherheit im Bremsvorgang ohne ABS gewährleistet (s. 4.7). Das dritte Modalziel wurde daher vollumfänglich erfüllt.

Als Limitation dieser Arbeit ist der fehlende Blick auf die Aufmerksamkeit und Reaktionsfähigkeit des Fahrers als Hauptaugenmerk für sicheres Fahren im Bremsvorgang zu nennen (s. 2.4). Ferner wurde das simulierte Modell nur für die Fahrt auf trockener Asphaltstraße mit einem Bremsvorgang ohne ABS ausgelegt. Weitere Implikationen für sicheres Fahren könnten andere Umweltbedingungen oder ein Bremssystem mit ABS und variablem Bremsmoment liefern. Die Literaturarbeit fokussierte sich auf das vorgestellte System (s. Kapitel 3). Für tiefergehende Arbeiten könnten weitere Sichtweisen durch den Vergleich mit anderen Bremssystemen gewonnen werden.

Die zu berücksichtigenden kritischen Erfolgsfaktoren für das sichere Fahren sind einerseits das Verständnis für den Schlupf und die Fahrzeugmasse hinsichtlich der Funktionsweise eines Antiblockiersystems. Andererseits zeigte sich in Tabelle 3, dass bei Verdoppelung nicht die Fahrzeugmasse sondern die Anfangsgeschwindigkeit des Pkw den Bremsweg um ein Vierfaches verlängert. Dies ist auch bei optimalem Schlupf der Fall. Daher ist die angepasste Geschwindigkeit für sicheres Fahren im dynamischen Bremsvorgang ohne ABS als kritischer Erfolgsfaktor zu berücksichtigen.

Das ABS war in den 80er-Jahren eines der ersten Fahrerassistenzsysteme auf dem Markt. Trotz dieser Entwicklung konnten weitere Unfälle im Straßenverkehr nicht vermieden werden. Die Zukunft wird zeigen, ob durch Entwicklungen wie autonome Fahrsysteme Verkehrsunfälle der Geschichte angehören.

Anhang 1

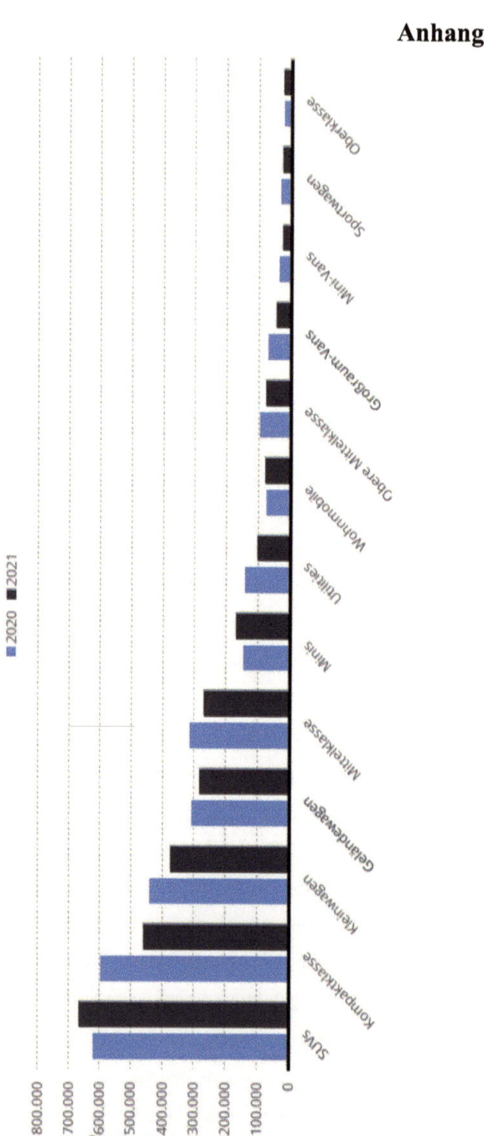

Abbildung 11 - Anzahl der PKW-Zulassungen nach Segmenten im Jahr 2021 (*Statista*, 2021, S. 27)

Anhang 2

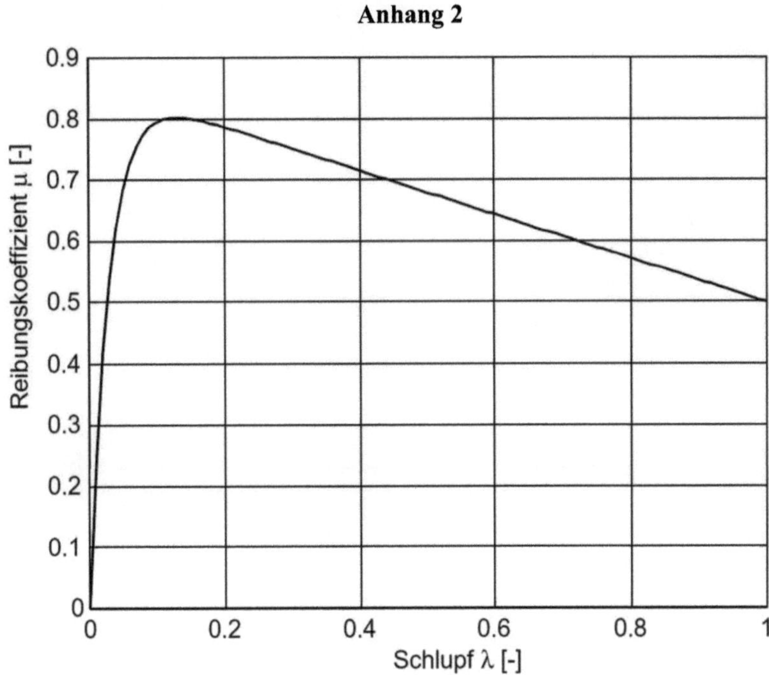

Abbildung 12 - Reibungskoeffizient in Abhängigkeit vom Schlupf (trockene Asphaltstraße) (*Scherf*, 2010, S. 26)

Anhang 3

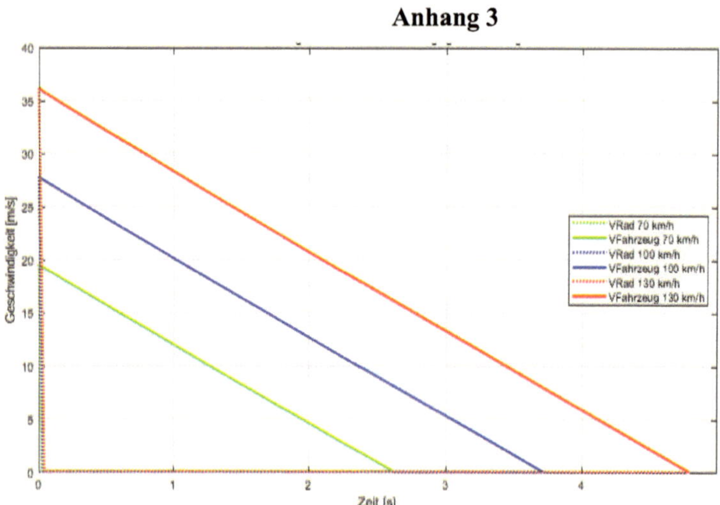

Abbildung 13 - Rad- und Fahrzeuggeschwindigkeit ohne ABS (Vollbremsung), Masse =1000 kg, verschiedene Anfangsgeschwindigkeiten (eigene Darstellung)

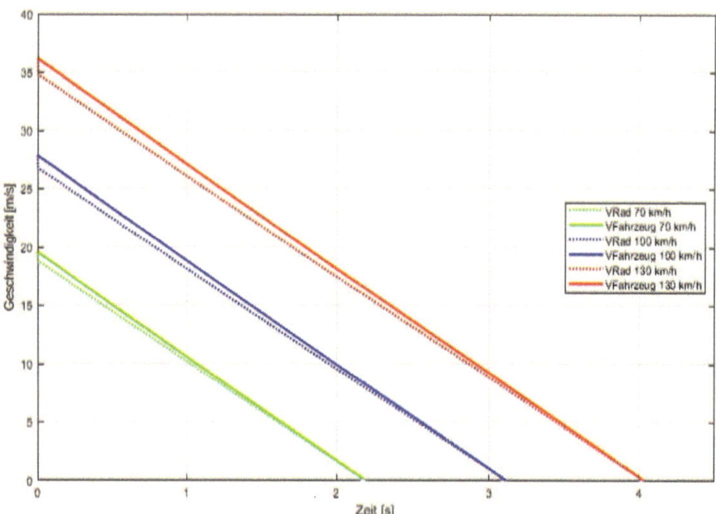

Abbildung 14 - Rad- und Fahrzeuggeschwindigkeit ohne ABS (Vollbremsung), Masse = 2000 kg, verschiedene Anfangsgeschwindigkeiten (eigene Darstellung)

Anhang 4

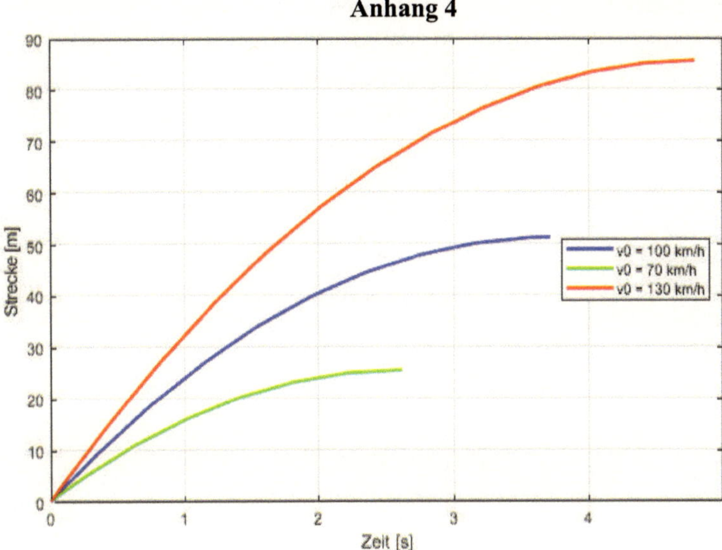

Abbildung 15 - Bremsweg ohne ABS (Vollbremsung), Masse = 1000 kg, verschiedene Anfangsgeschwindigkeiten (eigene Darstellung)

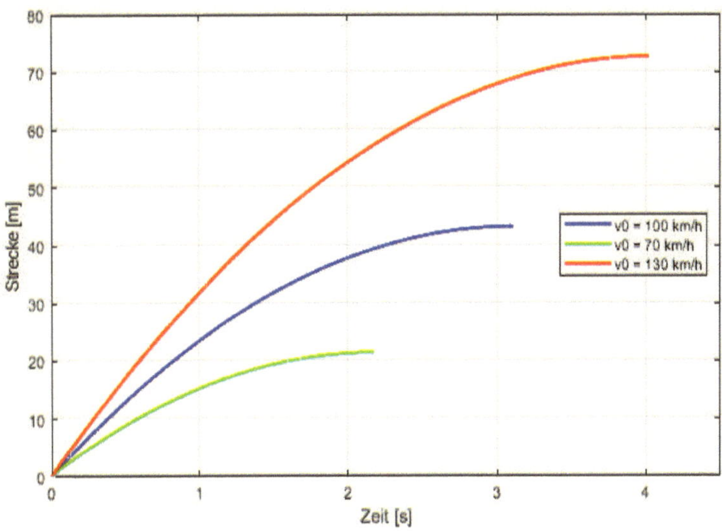

Abbildung 16 - Bremsweg ohne ABS (Vollbremsung), Masse = 2000 kg, verschiedene Anfangsgeschwindigkeiten (eigene Darstellung)

Anhang 5

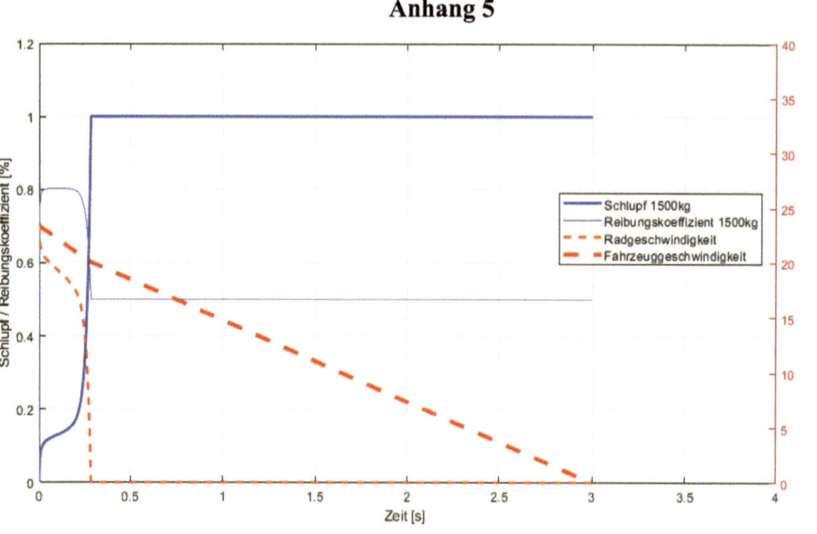

Abbildung 17 - Reibungskoeffizient und Schlupf, m = 1500 kg, $v_{F,0}$ = 70 km/h (eigene Darstellung)

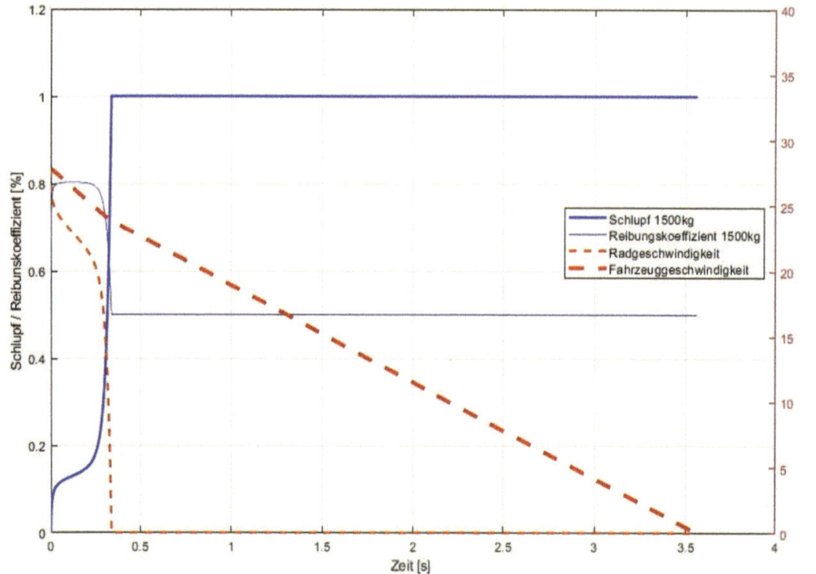

Abbildung 18 - Reibungskoeffizient und Schlupf, m = 1500 kg, $v_{F,0}$ = 100 km/h (eigene Darstellung)

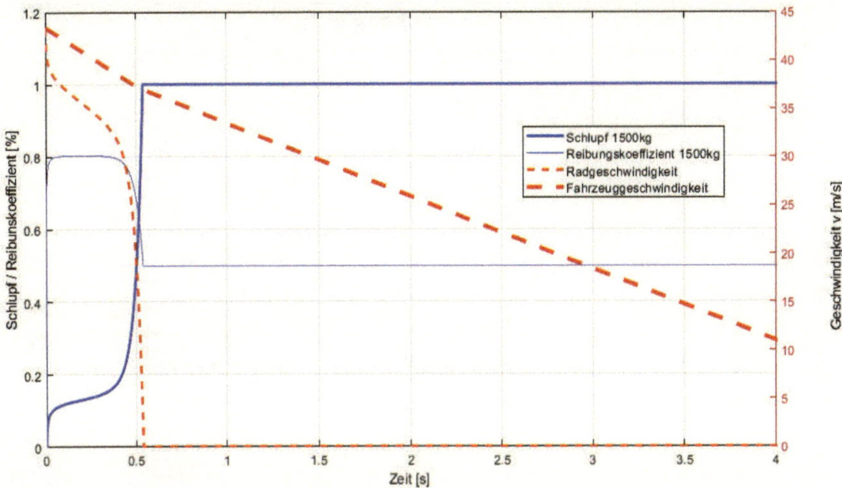

Abbildung 19 - Reibungskoeffizient und Schlupf, m = 1500 kg, $v_{F,0}$ = 130 km/h (eigene Darstellung)

Anhang 6

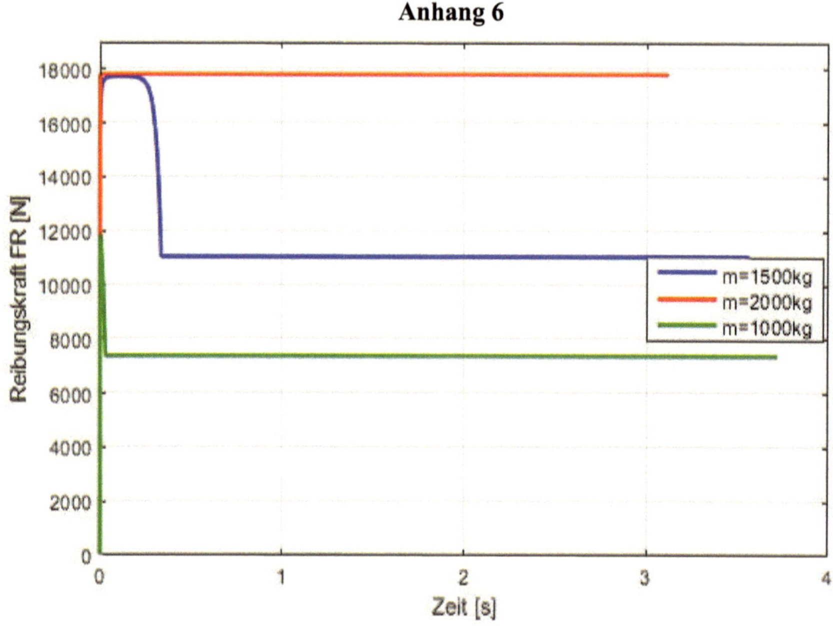

Abbildung 20 - Reibungskraft FR bei verschiedenen Massen, $v_{F,0}$ = 100 km/h

Anhang 7

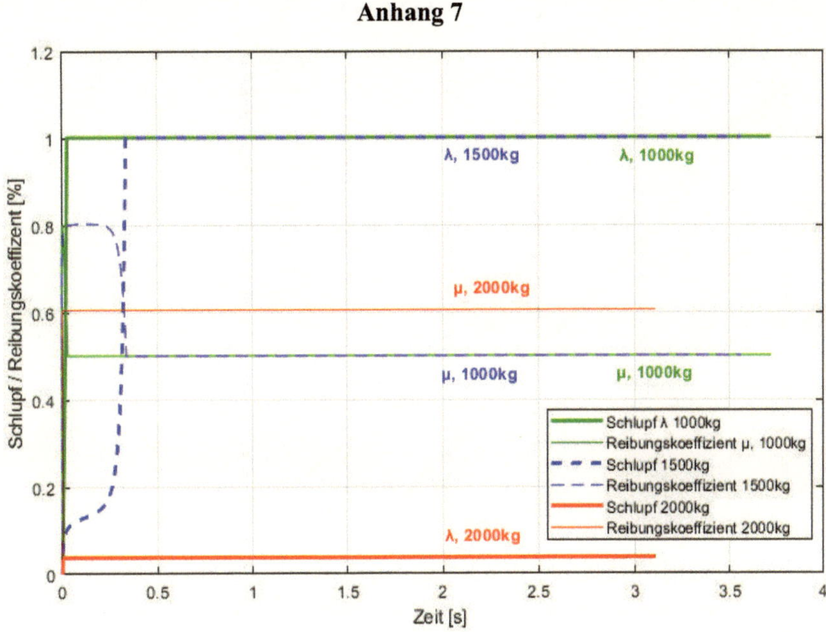

Abbildung 21 - Reibungskoeffizient und Schlupf, $v_{F,0}$ = 100 km/h, verschiedene Fahrzeugmassen (eigene Darstellung)

Anhang 8

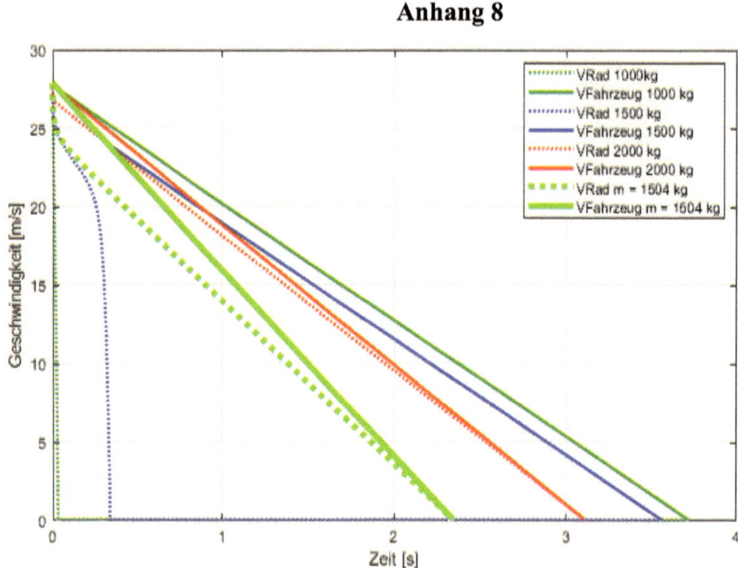

Abbildung 22 - Rad- und Fahrzeuggeschwindigkeiten bei optimaler Masse (1504 kg), $v_{F,0}$ = 100 km/h (eigene Darstellung)

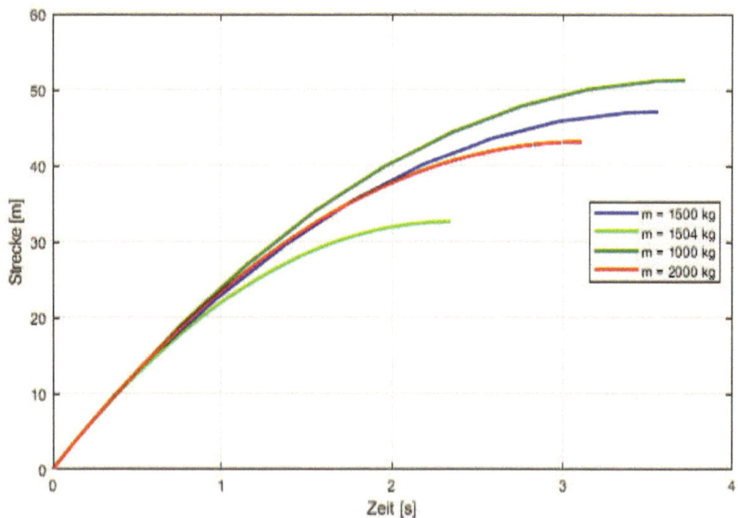

Abbildung 23 - Bremsweg bei optimaler Masse (1504 kg), $v_{F,0}$ = 100 km/h (eigene Darstellung)

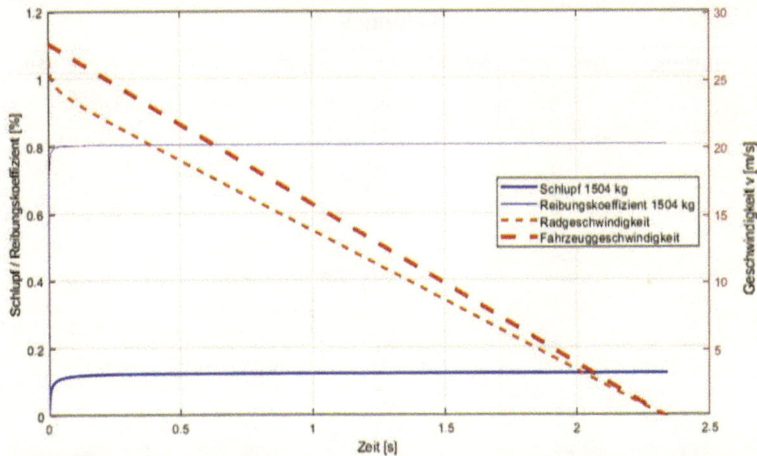

Abbildung 24 - Reibungskoeffizient und Schlupf bei optimaler Masse (1504 kg), $v_{F,0}$ = 100 km/h (eigene Darstellung)

Anhang 9

Masse	Bremsweg	Bremsdauer	Zeit bis Endwert	Schlupf	Reibungskoeffizient	FR Max
1000	51,18	3,71	0,031	1	0,5	7357
1100	51,21	3,72	0,036	1	0,5	8093
1200	51,19	3,72	0,043	1	0,5	8829
1300	51,12	3,71	0,054	1	0,5	9564
1400	50,86	3,71	0,078	1	0,5	10300
1420	50,75	3,70	0,086	1	0,5	10448
1440	50,59	3,70	0,098	1	0,5	10659
1460	50,33	3,69	0,117	1	0,5	10742
1480	49,80	3,67	0,153	1	0,5	10889
1490	49,19	3,64	0,194	1	0,5	10963
1500	47,04	3,56	0,340	1	0,5	11036
1503	42,06	3,33	0,720	1	0,5	11058
1506	32,51	2,34	1,375	0,116	0,801	17757
1508	32,55	2,34	0,837	0,112	0,800	17757
1510	32,59	2,35	0,666	0,109	0,799	17757
1520	32,80	2,36	0,507	0,099	0,794	17757
1540	33,23	2,39	0,077	0,087	0,784	17757
1560	33,66	2,42	0,037	0,080	0,774	17757
1580	34,09	2,45	0,033	0,074	0,764	17757
1600	34,51	2,49	0,028	0,070	0,754	17758
1700	36,66	2,64	0,016	0,056	0,710	17762
1800	38,80	2,79	0,014	0,048	0,671	17.776
1900	40,94	2,95	0,010	0,042	0,636	17770
2000	43,09	3,10	0,006	0,037	0,604	17773
2100	45,23	3,26	0,006	0,034	0,575	17777
2200	47,38	3,41	0,005	0,031	0,549	17780
2300	49,52	3,57	0,004	0,029	0,525	17783
2500	53,81	3,88	0,003	0,025	0,484	17788
2700	58,10	4,19	0,003	0,022	0,448	17793
3000	64,53	4,65	0,003	0,019	0,403	17798
3500	75,25	5,43	0,001	0,015	0,346	17805
4000	85,98	6,20	0,001	0,013	0,303	17811
5000	107,42	7,75	0,002	0,010	0,242	17818

Abbildung 25 - Erfasste Daten für eine variable Fahrzeugmasse

Anmerkung: Die gelisteten Daten wurden je Fahrzeugmasse in MATLAB-Simulink über der Zeit simuliert und in Microsoft Excel erfasst. Die Spalte „Zeit bis Endwert" beschreibt die Dauer, bis sich der Endwert für den Schlupf und den Reibungskoeffizient, bzw. der Maximalwert der Reibungskraft, eingestellt hat. Nachgelagert wurden die Daten nach MATLAB übertragen und die Abbildungen erzeugt (s. Abbildung 9, Abbildung 10).

Literaturverzeichnis

Anker, Stefan: Ausstattung contra Verbrauch: Warum unsere Autos immer schwerer werden, in: WELT v. 03.08.2009, <https://www.welt.de/motor/article4232125/Warum-unsere-Autos-immer-schwerer-werden.html> [Zugriff 2022-10-15]

BG Verkehrswirtschaft: Sicheres Fahren, <https://www.bg-verkehr.de/arbeitssicherheit-gesundheit/branchen/gueterkraftverkehr/rund-ums-fahren/sicheres-fahren> (2017) [Zugriff 2022-10-26]

Eichhorn, Ulrich u. a.: Fahrzeugtechnische Anforderungen, in: *Bert Breuer/Karlheinz H. Bill* (Hrsg.), Bremsenhandbuch: Grundlagen, Komponenten, Systeme, Fahrdynamik, 2017, S. 27–53, https://doi.org/10.1007/978-3-658-15489-9_3#

Hiller, M.: Mechanische Systeme: Eine Einführung in die analytische Mechanik und Systemdynamik, Berlin/Heidelberg: Springer, 1983

Scherf, Helmut: Modellbildung und Simulation dynamischer Systeme: Eine Sammlung von Simulink-Beispielen, 4. Aufl., München: Oldenbourg Wissenschaftsverlag, 2010

Schramm, Dieter/Hiller, Manfred/Bardini, Roberto: Modellbildung und Simulation der Dynamik von Kraftfahrzeugen, Berlin, Heidelberg: Springer Berlin Heidelberg, 2018

Statista: Industrien & Märkte: Automobilindustrie Deutschland, <https://de-statista-com.gw.akad-d.de/statistik/studie/id/6370/dokument/automobilindustrie-deutschland-statista-dossier/> (2022) [Zugriff 2022-10-30]

Statista: Politik & Gesellschaft: Autofahrer, <https://de-statista-com.gw.akad-d.de/statistik/studie/id/7059/dokument/autofahrer-statista-dossier/> (2021) [Zugriff 2022-10-28]

Statista: Politik & Gesellschaft: Verkehrsunfälle, <https://de-statista-com.gw.akad-d.de/statistik/studie/id/6890/dokument/verkehrsunfaelle-statista-dossier/> (2022) [Zugriff 2022-10-28]

VDI 3633 (2019): Simulation von Logistik-, Materialfluss- und Produktionssystemen - Simulation und Visualisierung

Wolff, Claus: Grundlegendes zum Bremsvorgang, in: *Bert Breuer/Karlheinz H. Bill* (Hrsg.), Bremsenhandbuch: Grundlagen, Komponenten, Systeme, Fahrdynamik, 2017, S. 15–25, https://doi.org/10.1007/978-3-658-15489-9_2#